TABLEAU GÉOGRAPHIQUE

DE LA

VÉGÉTATION PRIMITIVE

DANS LA PROVINCE DE MINAS GERAES,

PAR M. AUGUSTE DE SAINT-HILAIRE,

MEMBRE DE L'INSTITUT.

PARIS,

A. PIHAN DE LA FOREST,

IMPRIMEUR DE LA COUR DE CASSATION,

Rue des Noyers, 37.

___

1837.

A. PINAN DE LA FOREST, Imprimeur de la Cour de Cassation, rue des Noyers, n. 37.

TABLEAU GÉOGRAPHIQUE

DE LA

VÉGÉTATION PRIMITIVE

DANS LA PROVINCE DE MINAS GERAES.

PAR M. AUGUSTE DE SAINT-HILAIRE,
MEMBRE DE L'INSTITUT (1).

PREMIÈRE PARTIE.

Coïncidence de la constitution physique avec les diverses sortes de végétation.

A l'exception de quelques sommets élevés, il n'est peut-être pas en Allemagne, en Angleterre,

(1) Des fragmens de ce tableau sont tirés des deux relations de voyage publiées par l'auteur et intitulées : *Voyage dans les province de Rio de Janeiro et Minas Geraes.—Voyage dans le District des Diamans et sur le littoral du Brésil* (à Paris, chez Gide); ainsi que de la troisième relation déja en partie rédigée, qui comprendra le côté occidental ou la province de Minas Geraes, celles de Goyaz, de St.-Paul et Ste.-Catherine.

1

en France, un seul coin de terre qui n'ait été boule-
versé mille et mille fois, et partout la végétation
primitive (1) a disparu. Les sombres forêts où le
druide célébrait ses mystères ont fait place à de
fertiles moissons; les coteaux sur lesquels croissaient sans doute des buissons épineux, se sont
revêtus de vignes taillées avec soin, et des marais
fangeux où naissaient en liberté les Nénuphars,
d'obscures Nayades, des Scirpes et des Joncs offrent
aujourd'hui des carrés de légumes symétriquement
rangés. Nos bois mêmes, coupés à des intervalles
réglés, sont devenus notre ouvrage, et nos prairies,
sans cesse retournées par la main de l'homme, sont
aussi artificielles que les pâturages auxquels il nous
a plu de donner plus particulièrement ce nom. Au
milieu de tant de changemens, combien d'espèces
ont disparu! combien d'autres se sont introduites
avec nos plantes potagères ou avec nos céréales, et,
étrangères comme elles, passent aujourd'hui pour
indigènes! Cependant si l'on excepte quelques faits
de détail, l'histoire des changemens de la végétation européenne restera toujours inconnue, parce
qu'on n'a point observé les faits dont la série com-
poserait cette histoire (2).

(1) Par végétation primitive, j'entends celle qui n'a été
modifiée par aucun des travaux de l'homme.

(2) Il est clair que les événemens qui ont dû occasioner
les modifications les plus notables dans la végétation de la

Une vaste portion de l'Amérique brésilienne a déja changé de face; une grande fougère (*Pteris caudata*), la Graminée appelée *Sapé* (*Saccharum Sapé*, Aug. S. Hil.), remplacent des forêts gigantesques, et, dans des espaces immenses, tous les végétaux semblent fuir devant le *Capim godura* (*Melinis minutiflora*). Des plantes de l'Europe, de l'Afrique (1) et de l'Amérique du nord semblent

France sont : 1° la fondation de Marseille par les Phocéens ; 2° la conquête de Jules-César ; 3° les grands encouragemens donnés à la culture de la vigne par l'empereur Probus ; 4° la création de certains ordres religieux, et les immenses défrichemens qui en ont été la suite ; 5° les croisades ; 6° la découverte de l'Amérique ; 7° les encouragemens donnés à l'agriculture par Henri IV et Sully ; 8° enfin la révolution, qui a conduit une foule d'hommes éclairés à s'occuper de la culture des terres , et qui, par le partage des biens communaux et la division des grandes propriétés , a amené de nouveaux défrichemens.

(1) L'*Herva de S. Caetano*. Cette plante, dit l'abbé Manoel Ayres de Cazal (*Corog. Braz.*, I, 103), a été transplantée de la côte de Guinée au Brésil. Dans son pays natal, elle porte le nom *Nhezikem*; mais, comme les premiers Brésiliens qui la reçurent, la plantèrent auprès d'une chapelle consacrée à S. Gaetan, elle prit de là le nom d'*Herva de S. Caetano*. On l'emploie , dit le même écrivain, dans divers remèdes domestiques , et on assure qu'elle augmente l'effet ordinaire du savon. J'ai comparé l'*Herva de S. Caetano* avec le *Momordica Senegalensis* Lam. , rapporté du Sénégal par M. Perrottet , et je me suis convaincu de la parfaite identité des deux plantes. L'es-

suivre les pas de l'homme et se répandre avec lui ; d'autres s'introduiront probablement encore, et, à mesure que notre race s'étendra sur la terre des Indiens, la végétation primitive disparaîtra comme

pèce d'Afrique, aujourd'hui devenue également brésilienne, a été bien décrite par l'illustre Lamarck (*Dict.* IV, 239); cependant les échantillons que j'ai sous les yeux ne sont pas plus velus que ceux du *Momordica charancias*; leurs feuilles ne me paraissent pas plus petites que celles de cette espèce, et enfin leur bractée n'est pas pointue. Dans les échantillons de M. Perrottet, ni dans les miens, les feuilles ne sont pas non plus rudes au toucher en dessus et en dessous, comme M. Sprengel le dit (*Syst.* III, 15) du *Mom. Senegalensis*. Ce ne serait pas ici le lieu de donner de cette plante une description détaillée ; mais je tâcherai de la distinguer par une phrase plus caractéristique que celles des auteurs qui m'ont précédé :

Momordica Senegaleniss ; foliis profundè palmatis, 5-7-lobis, subpedatis, grossè remotèque serratis ; bracteâ integerrimâ paulò supra basim pedunculi ; petalis caducis ; fructibus ovato-mucronatis, tuberculatis.

Momordica Senegalensis Lam., *Dict.* IV, 239. — Ser. in DC., *Prod*, III, 311. — Spreng., *Syst.*, III, 15.

Nhezikem apud Guineæ incolas ; lusitanicè, *Herva de S. Caetano.*

In Senegalâ, Guineâ spontè nascitur ; nunc in Brasiliâ intermediâ apud domos vulgatissima.

Obs. Il paraît que le mot *Nhezikem* est, dans certaines parties de l'Afrique une sorte de nom générique ; car dans l'herbier de Burmann, que le Banks français, M. Benjamin Delessert, communique aux botanistes avec tant de générosité, ce nom se trouve attaché, avec un léger changement (*Nezikin*), à une autre espèce de *Momordica*.

eux. Il est important de constater ce qu'est cette végétation si brillante et si variée, avant qu'elle soit
détruite ; aussi, dans mes divers ouvrages, ai-je
souvent donné sur ce sujet des détails qui, s'ils ne
sont pas aujourd'hui sans intérêt, deviendront bien
plus intéressans encore, lorsqu'il faudra les considérer comme appartenant uniquement à l'histoire
de notre globe et à celle de la géographie botanique.

Les différences de la végétation primitive sont
tellement sensibles dans la province des Mines
qu'elles ont frappé les hommes les plus rustiques,
et qu'ils les ont désignées par des noms particuliers.
Je ferai bientôt connaître ces différences avec détail ;
mais auparavant j'en présenterai, dans un seul
cadre, le tableau succinct, et je suivrai la classifica-
tion même qui en a été faite par les habitans du pays.

Toute la contrée se distingue en *matos*, bois, et
campos, pays découverts. Ou les bois appartiennent
à la végétation primitive, ou ils sont le résultat du
travail des hommes. Les premiers sont les forêts
vierges (*matos virgens*) ; les *catingas* dont la végétation est moins vigoureuse que celle de ces dernières, et qui perdent leurs feuilles tous les ans ;
les *carrascos*, espèce de forêts naines, composées
d'arbrisseaux de trois ou quatre pieds rapprochés les
uns des autres ; enfin les *carrasquenos* (1) qui, plus

(1) Le mot de *carresqueno* a souvent une autre significa-

élevés que les *carrascos*, forment une sorte de transition entre eux et les *catingas*. C'est encore à la végétation primitive qu'il faut rapporter les *ca-poës*, bois qui s'élèvent dans les fonds entourés de tous les côtés par des *campos*. Quant aux bois dus, au moins d'une manière médiate, aux travaux des hommes, ce sont les *capoeiras* qui succèdent aux plantations faites dans des forêts vierges, et les *ca-poeiroës* qui peu à peu remplacent les *capoeiras*, lorsqu'on est un certain temps sans couper ces dernières.

Le mot *campo* indique un terrain couvert d'herbes, ou si l'on veut, tout ce qui n'appartient à aucune des espèces de bois que j'ai fait connaître tout à l'heure. Le *campo* est naturel (*campo natural*), quand il n'a jamais offert de forêts; il est au contraire artificiel (*artificial*), lorsque des herbes ont succédé aux bois détruits par les hommes. Souvent on voit, dans les *campos* naturels, des arbres tortueux, rabougris, épars çà et là; mais cette modification n'empêche pas les terrains qui la présentent de conserver leur nom de *campos*.

On sent, au reste, que toutes ces expressions ne sauraient être parfaitement rigoureuses, puisque les différences qu'elles indiquent se nuancent entre elles

tion, et désigne, dans les pays de bois, les arbrisseaux qui succèdent aux forêts vierges nées dans un terrain d'une nature inférieure.

par des dégradations insensibles. Il est des bois que personne n'hésitera à appeler *mato virgem* ou *catinga*; mais il n'existe point de limites bien fixes entre les bois vierges et les *catingas*, celles-ci et les *carrascos*, et enfin entre ces derniers et les véritables *campos*.

Pour faire voir quelles sont les coïncidences de ces diverses sortes de végétation avec la constitution physique de la province des Mines, il sera bon, je crois, de jeter sur l'ensemble de cette constitution un coup d'œil rapide.

La province de Minas Geraes, située entre les 13° et 23° 27′ lat. sud, et entre les 328° et 336° long., est partagée, dans sa longueur, en deux portions très inégales, par une immense chaîne de montagnes (Serra do Espinhaço Eschw.) qui s'étend du sud au nord, donne naissance à une foule de rivières, divise les eaux du Rio Doce et du S. Francisco, et dont les pics les plus élevés atteignent environ 6000 pieds au-dessus du niveau de la mer. Entre cette chaîne et celle qui, comme l'on sait, se prolonge parallèlement à l'océan, dans une grande partie du Brésil, s'étendent d'autres montagnes. Celles-ci laissent au milieu d'elles de profondes vallées, et elles forment, si je puis m'exprimer ainsi, une sorte de réseau.

Par ce qui précède, on voit que tout le côté oriental de la province des Mines est en général extrêmement montagneux; mais il n'en est pas de

même du côté occidental. Là des collines, ou même
de simples ondulations succèdent aux montagnes, et
le terrain s'abaisse peu à peu jusqu'au Rio de S. Francisco. A l'ouest de celui-ci, le sol s'élève pour la
seconde fois (1), et l'on arrive à une nouvelle chaîne
que je crois beaucoup moins haute que la première
et que j'appelle *Serra do S. Francisco e da Paranahyba*, parce qu'elle divise les eaux de ces deux
rivières.

La Serra da Canastra où le S. Francisco prend
naissance, les Serras do Urubú, da Marcella, d'Indaiá,
d'Abaité font partie de la Serra do S. Francisco e da
Paranahyba. Cette chaîne ne s'arrête point où commencent les premiers affluens du Paranahyba ; après
avoir rencontré une autre chaîne qui va transversa-
lement de l'ouest à l'est, la *Serra da Paranahyba e
dos Tucantins*, elle se prolonge bien davantage vers
le nord pour diviser les eaux du S. Francisco de
celles du Rio dos Tucantins, et là, pour cette raison,
elle doit porter le nom de *Serra do S. Francisco e
dos Tucantins* (2).

(1) Voyez mon introduction à l'*Histoire des plantes les
plus remarquables du Brésil et du Paraguay* ; à Paris, chez
Belin ; et l'ouvrage de M. d'Eschwege, intitulé : *Brasilien
die Neue Welt*, I, 164.

(2) Je donnerai des détails sur les *Serras do S. Francisco
e da Paranahyba, do S. Francisco e dos Tucantins, da Paranahyba e dos Tucantins* et sur l'utilité de ces noms, dans ma
troisième relation encore inédite, et probablement dans les
Nouvelles Annales des Voyages.

Des pics très remarquables par leur hauteur existent dans toute l'étendue de la grande chaîne ou Serra do Espinhaço; mais je crois que, considérée dans son ensemble, la *comarca* (1) du Rio das Mortes, la plus méridionale des cinq qui composent la province des Mines, en est aussi la plus élevée. En effet, c'est dans cette *comarca* que le Rio de S. Francisco prend naissance, et que commencent à couler ses premiers affluens; c'est là que sont les sources du Rio Preto, affluent du Parahybuna, et le Jaguarhy qui se jette dans le Tieté; là enfin naissent les affluens du fameux Rio Grande, et ce dernier fleuve lui-même qui, uni au Paranahyba, au Paraguay et à l'Uruguay, finit par devenir le Rio de la Plata.

En partageant la province des Mines en deux parties, l'une très montagneuse, et l'autre simplement ondulée, la Serra do Espinhaço la divise aussi en deux *zones* ou *régions végétales* également très distinctes; à l'orient celle des *forêts*, et à l'occident celle des *pâturages* ou *campos*; régions qui, parallèles à la chaîne, s'étendent comme elle, dans le sens des méridiens. Il y a plus : cette même cordillère sépare la province des Mines en deux *régions zoologiques* presque aussi distinctes que les *régions végétales*. Les plantes des *campos*, n'étant pas les

(1) Les *comarcas* sont au Brésil les divisions premières des provinces.

mêmes que celles des bois, ne sauraient nourrir les animaux qu'on a coutume de voir au milieu des forêts, et d'ailleurs il y a trop de fixité dans les habitudes et les mœurs des animaux pour que les mêmes espèces puissent vivre également dans des pays qui, quoique contigus, présentent de si grandes différences.

Le versant oriental de la cordillère elle-même est, je crois, dans la plus grande partie de son étendue, couvert de forêts, comme le pays voisin. Mais il est à observer qu'au nord de la chaîne, les *campos* s'étendent jusque sur ce versant, tandis qu'au midi au contraire ce sont les forêts qui débordent sur le versant occidental, comme j'ai pu m'en convaincre, en me rendant de Sabará à la capitale de la province des Mines, et en parcourant la *comarca* de S. João d'El Rey : espèce de croisement qui s'explique, ce me semble, par l'humidité qui règne au midi du versant.

Quant aux points culminans de la chaîne, tels que les Serras do Papagaio, da Ibitipoca, do Caraça (1), d'Itambé, da Lapa, da S. Antonio, près Congonhas da Serra, do Serro do Frio et de Curmatahy, ils présentent généralement de petits plateaux couverts de pâturages herbeux. C'est là que l'on trouve la végétation la plus curieuse et la plus variée qu'offre

______

(1) C'est par erreur qu'il a été imprimé *Serra da Caraço* dans ma première relation de voyage.

le Brésil méridional; c'est là que croissent, entre autres, ces charmantes Mélastomées à petites feuilles dont j'ai fait le premier connaître les formes élégantes dans la dernière livraison de la magnifique Monographie de l'illustre Humboldt (1).

Ce ne sont pas seulement les deux grandes *régions végétales des bois* et *des campos* qui sont renfermées dans des limites à peu près certaines; les nuances que présentent ces *régions* n'en ont pas de beaucoup moins précises.

J'ai dit plus haut que l'on observait dans la province des Mines trois sortes de bois, les forêts proprement dites, les *catingas* qui, moins rigoureuses, perdent leurs feuilles chaque année, et enfin les *carrascos*, espèce de forêts naines. Depuis les limites de la province de Rio de Janeiro par le 22° lat. sud, jusqu'au *termo* de Minas Novas, ou, si l'on aime mieux, jusqu'aux sources de l'Arassuahy par le 18°, s'étendent des bois vierges proprement dits. Plus loin, le pays fort élevé, mais en même temps peu montagneux, ne donne plus naissance qu'à des *carrascos*. Enfin vers le 17° 3o′, en tirant du côté de l'est, ou, si l'on veut, vers les villages de Sucuriú et de S. Domingos, le sol s'abaisse, la température devient très chaude, la terre grisâtre et légère

______

(1) *Monographie des Mélastomées et autres genres du même ordre, par Humboldt et Bonpland, continuée par Kunth.* Chez Gide.

offre un mélange d'humus et d'un peu de sable, et l'on voit paraître des *catingas*.

Du côté du sud-est, ces deux sous-régions sont encadrées, un peu en-deçà des limites de la province, par une ligne de forêts qui servent d'asile aux Botocudos et qui s'étendent, dans les provinces d'Espirito Santo et dos Ilheos, jusqu'au bord de la mer. Quant aux limites septentrionales du pays des *carrascos* et de celui des *catingas*, les diverses directions que j'ai suivies dans mes voyages, ne m'ont pas permis de les observer; mais la relation de l'excursion si pénible que M. le prince Maximilien de Neuwied fit de la ville dos Ilheos par le 13° ½ lat. sud, jusqu'aux frontières de la province des Mines, prouve que les deux régions continuent à s'étendre hors de cette dernière province, dans le sens des méridiens (1).

De tout ceci il résulte que, si, partant du petit port de Belmonte par le 15° 30′ environ, on se dirigeait vers le sud-ouest, on traverserait les quatre régions ou *sous-régions végétales* qui s'observent dans la province des Mines. L'on passerait successivement des forêts aux *catingas*, de celles-ci aux *carrascos*, des *carrascos* aux *campos*; et il est à observer que ces régions forment ainsi, dans le sens de l'équateur, une sorte d'échelle où l'ensemble des végétaux diminue graduellement de hauteur, peut-

(1) *Voyage Brés.*, trad. Eyr., III, p. 1 et suiv.

être parce que l'humidité du sol et de l'atmosphère éprouve également une diminution graduelle. Quand M. le prince de Neuwied, suivant aussi à peu près la direction du sud-ouest, quitta la côte à environ un degré nord de Belmonte, pour gagner le Désert du S. Francisco, il trouva également des forêts vierges, des *catingas*, des *carrascos* et des *campos*, et il serait curieux de savoir sous combien de degrés de latitude on rencontrerait la même échelle de *régions végétales*.

Comme la *zone des forêts* se divise en plusieurs sous-régions, de même aussi l'on en observe deux bien distinctes dans la *zone des campos*, qui tantôt ne présente, ainsi qu'on l'a déja vu, que des herbes et des sous-arbrisseaux (*taboleiros descobertos*), et offre tantôt çà et là, au milieu des pâturages, des arbres tortueux et rabougris (*taboleiros cobertos.*)

Les deux sous-régions dans lesquelles se partagent les *campos* n'ont peut-être pas des limites aussi précises que celles des trois sous-régions dont l'ensemble compose la *zone des forêts*. Cependant on peut établir que les parties les plus élevées de la zone des *campos* sont uniquement couvertes de pacages herbeux, et que, dans les parties les plus basses, les pâturages sont parsemés d'arbres. Ainsi je n'ai trouvé que des *campos* formés d'herbes et de sous-arbrisseaux dans une immense portion de la *comarca* de S. João d'El Rey, la plus haute de toutes, et ce sont encore des pâturages de même nature que j'ai revus partout, en traversant presque au pied de la grande chaîne, le pays fort élevé qui, à l'ouest de la même chaîne, s'étend de Caeté ou Villa Nova da Rainha aux limites du territoire de S. João d'El Rey. Au contraire, j'ai trouvé beaucoup de pâturages parsemés d'arbres rabougris sur le territoire de la *camarca* de Paracatú; c'est le genre de végétation que j'ai constamment observé dans les 150 lieues portugaises que j'ai parcourues au milieu du Sertão ou Désert, à peu près entre les 14 et 18 degrés de latitude sud, dans une espace où le S. Francisco est déja fort éloigné de sa source; et, dans cet espace, les pâturages parsemés d'arbres tortueux s'étendent jusqu'au pied de la chaîne, du moins, si j'en puis juger par ce que j'ai observé sur deux points différens. De tout ceci, il résulte que la *sous-région*, plus méridionale, des *campos* simplement herbeux ou *taboleiros descobertos*, correspond particulièrement à celle *des foréts* proprement dites, ou, si l'on aime mieux, que ces sous-régions sont plus particulièrement comprises entre les mêmes parallèles, et que la sous-région plus septentrionale des *campos* parsemés d'arbres rabougris (*taboleiros cobertos*) correspond davantage à celle des *carrascos* et des *catingas*.

D'après ce qui précède, il ne faudrait pas croire que, dans la *région des campos*, il n'existe point de bois. Si au milieu des terrains découverts et simplement ondulés de cette immense région, il se trouve une

vallée humide et profonde, s'il existe quelque enfoncement sur le penchant d'un morne, on peut être
assuré d'y trouver une réunion d'arbres. Ces petites
forêts qui forment comme autant d'oasis au milieu
des *campos* s'appellent, comme je l'ai dit ailleurs,
capoës du mot *caapoam*, qui, dans la langue signifi-
cative des Indiens, veut dire une île, et c'est uniquement là que les Mineiros forment leurs plantations, fidèles à ce défectueux système d'agriculture
qui ne leur permet pas de rien semer ailleurs qu'au
milieu de la cendre des arbres (1).

Si la constitution physique de la province des
Mines a une si grande influence sur la nature de
sa végétation primitive, on doit croire quelle en a
également sur celle qui résulte des travaux de
l'homme, et que l'on peut appeler *artificielle*. La
partie de la province située à l'orient de la grande
chaîne n'est plus, comme autrefois, entièrement
couverte de forêts. Là se trouvaient des terrains
aurifères d'une étonnante richesse ; une population
nombreuse s'y précipita, et l'on incendia les bois,
soit uniquement pour éclaircir le pays, soit pour y
faire des plantations. Lorsque dans cette contrée,
on coupe une forêt vierge (2) et qu'on y met le feu,

(1) Voyez mon *Mémoire sur le système d'agriculture adopté
par les Brésiliens, et les résultats qu'il a eus dans la province de
Minas Geraes*, dans les *Mém. du Muséum*, vol. XIV, p. 85.

(2) Voyez mon Introduction à *l'Histoire des Plantes les plus
remarquables du Brésil et du Paraguay*. A Paris, chez Belin.

il succède aux végétaux gigantesques qui la composaient, un bois formé d'espèces entièrement différentes, et beaucoup moins vigoureuses; si l'on brûle plusieurs fois ces bois nouveaux pour faire quelques plantations au milieu de leurs cendres, bientôt on y voit naître une très grande fougère (*Pteris caudata*); enfin au bout de très peu de temps, les arbres et les arbrisseaux ont disparu, et le terrain se trouve entièrement occupé par une Graminée visqueuse, grisâtre et fétide qui souffre à peine quelques plantes communes au milieu de ses tiges serrées, et qu'on appelle *Capim gordura* (l'herbe à la graisse, *Melinis minutiflora* ou *Tristegis glutinosa* des botanistes).

Dans les environs de la capitale des Mines, et entre cette dernière et Villa do Principe, le voyageur ne découvre plus que des campagnes de *Capim gordura*, où s'élevaient naguère des arbres majestueux entrelacés de lianes élégantes. La *région des forêts* embrasse donc aujourd'hui de vastes pâturages; mais ceux-ci, par la nature même de leur végétation, indiquent d'une manière certaine la place des forêts détruites. Au milieu des *campos* des environs de la ville de Paracatú, et peut-être dans ceux de quelques autres parties de la province des Mines également situées à l'ouest du Rio de S. Francisco, le *Capim gordura* s'empare des terrains autrefois boisés, lorsqu'on ne les laisse pas reposer assez longtemps ou que le feu y prend par hasard; mais là cette Graminée peut être facilement détruite, et comme elle ne paraît qu'où il y avait des bois, et que ceux-ci ne sont que des *capoës* de peu d'étendue , elle ne forme jamais d'immenses pâturages. D'ailleurs entre la grande chaîne et le Rio de S. Francisco, on ne voit ni la grande fougère (*Pteris caudata*), ni le *Capim gordura* se rendre maître des terres défrichées, et par conséquent l'on peut dire que la chaîne est la limite de ces plantes, comme elle est celle des bois qu'elles ont remplacés.

Du côté du nord, je n'ai point trouvé le *Capim gordura* au-delà du 17° 40′ latitude sud ou environ. Cette plante ambitieuse n'est pas naturelle à la province des Mines; elle s'y est répandue sur les traces de l'homme, et il sera curieux de rechercher dans quelques années, si elle a fait des progrès vers le nord, ou si elle s'est définitivement arrêtée au point que j'ai reconnu pour être sa limite actuelle. Je crois cependant qu'à cet égard on peut déja former quelques conjectures assez plausibles. Il est à observer que la limite boréale du *Capim gordura* est en même temps celle des forêts proprement dites ; que, plus au septentrion, le pays, quoique fort élevé, ne présente plus, comme dans la *sous-région des forêts*, de hautes montagnes séparées par des vallées étroites et profondes, et que là enfin commence la *sous-région des carrascos*. Or, du côté de l'ouest, la Graminée dont il s'agit s'arrête avec les montagnes, et, comme on ne la trouve point au nord dans un pays qui n'est pas non plus montagneux , il est à croire qu'elle ne s'étendra pas davantage du côté du septentrion, et que ses véritables limites sont à jamais celles de la *sous-région des forêts*.

Autrefois le *Saccharum* appelé *Sapé* (*Saccharum Sapé*, Aug. S. Hil.)(1), formait l'ensemble des pâturages dans les pays de bois vierges, et, en certains cantons, on le trouve encore avec abondance. C'est seulement depuis 45 à 5o ans que cette Graminée a cédé la place au *Capim gordura* qui fut apporté dans la province des Mines par un hasard singulier ou introduit comme fourrage (2). On a vu avec

(1) J'ai longuement décrit cette plante dans mon *Voyage dans le district des Diamans et sur le littoral du Brésil,* vol. I, p. 368.

(2) Voici ce que je dis ailleurs sur l'indigenat de cette plante. « Dans un livre indispensable à ceux qui veulent
« connaître non seulement les Graminées brésiliennes, mais
« encore celles des autres parties du globe, l'excellente
« *Agrostologia* de MM. Martius et Nees, on lit que je me
« suis trompé, quand j'ai écrit que le *Capim gordura* n'était
« pas naturel à la province de Minas Geraes. Il est incon-
« testable que je ne saurais démontrer qu'il y a été intro-
« duit. Tout ce que je puis dire, c'est que j'ai passé vingt-
« deux mois à parcourir les Mines, c'est-à-dire plus de la
« moitié du temps que MM. Spix et Martius ont consacré
« à leur magnifique voyage, et je ne me rappelle point
« avoir vu la plante dont il s'agit, ailleurs que dans les lieux
« autrefois cultivés, les espaces où les bois ont été détruits,
« sur le bord des chemins et quelquefois à la halte des
« voyageurs. J'ai pris des notes extrêmement nombreuses
« sur les endroits où naît le *Capim gordura*, et je n'y trouve

quelle rapidité étonnante il s'est répandu; cependant, lorsque la nature n'est contrariée par aucune circonstance, ce qui malheureusement n'est pas assez commun, elle finit par reprendre ses droits sur l'ambitieux étranger. Quand les bestiaux n'approchent point du *Capim gordura*, les vieilles tiges forment tôt ou tard une couche épaisse de plusieurs pieds qui empêche des tiges nouvelles de se développer. Alors de jeunes arbrisseaux commencent à se montrer; lorsqu'ils peuvent donner de l'ombrage, ils achèvent de détruire la Graminée, et, dans les bonnes terres, elle fait place, au bout de dix années,

« rien qui ne confirme mes souvenirs. A Paracatú où n'a
« point été M. Martius, ainsi que dans les cantons qu'il a
« traversés, on considère le *Capim gordura* comme une es-
« pèce exotique, et les habitans de la ville que je viens de ci-
« ter ajoutent que ce *Gramen*, primitivement apporté du ter-
« ritoire espagnol, a été autrefois cultivé dans leurs environs
« comme fourrage. Il ne faut pas croire que ce soient des
« paysans grossiers qui seuls regardent le *Capim gordura*
« comme exotique : cette opinion était partagée par M. José
« Texeira, vicomte de Caeté, homme fort éclairé, qui possé-
« dait quelques connaissances en histoire naturelle et avait
« composé un mémoire sur l'agriculture de son pays. Dans
« la province de Minas, dit M. Martius, le *Pteris caudata*
« se rend maître également des terrains jadis cultivés, et
« cependant on ne peut le considérer comme étranger au
« pays. Cela est parfaitement vrai ; mais de ce que le *Pte-*
« *ris aquilina*, indigène à la Sologne, y couvre les terrains
« en jachère, je ne conclurai pas que l'*Erigeron Canadense*
« n'est point exotique, parce qu'il s'empare aussi de cer-
« taines terres autrefois en culture. »

à ces bois peu vigoureux et peu fournis qu'on nomme *capoeiras*. Si l'on est long-temps sans couper ces derniers, et que le bétail n'y pénètre point, des arbres finissent par faire disparaître les *Baccharis* et les autres arbrisseaux qui composent le *capoeiras*, et de grands bois reparaissent.

Ainsi, pour retourner à sa vigueur primitive, la végétation passe en sens inverse, par les phases qui l'avaient réduite à ne plus offrir que d'humbles Graminées. Quant à ces successions de plantes qui n'ont aucun rapport les unes avec les autres et qui ressemblent à une suite de générations spontanées, elles sont sans doute difficiles à expliquer; mais en Europe même elles ne sont point sans exemple (1).

On voit par tout ce qui précède que les *campos* de *Melinis minutiflora*, triste résultat des destruc-

(1) Voyez Dureau de la Malle, *Mém. alter.* dans les *Annales sc. nat.* 1ʳᵉ série, vol. V. — Voici un fait que je puis ajouter aux observations de M. Dureau de la Malle. J'habitais souvent la terre de la Touche, commune de Donnery, près Orléans; j'y parcourais sans cesse un superbe bois de haute futaie, appelé le bois de la Boula, et j'en connaissais parfaitement la végétation. Ce bois fut coupé, et aussitôt il y parut un très grand nombre de pieds d'*Epilobium angustifolium* L. (le Laurier de S. Antoine). Cependant, non seulement je n'avais jamais vu un seul individu de cette espèce dans le bois de la Boula, mais encore je ne l'avais point observée dans les alentours; je ne l'avais même trouvée dans aucune partie de l'Orléanais, et elle n'est indiquée dans la Flore Orléanaise de M. l'Abbé Dubois qu'en deux localités qui me sont inconnues.

tions causées par le travail ou les caprices de l'homme, méritent à juste titre le nom de *campos artificiels* qu'on leur donne dans le pays même. Comparativement à ces derniers, les pâturages de la *région des campos* peuvent sans doute être appelés *naturels*; mais il n'en est pas moins vrai que, nécessairement aussi, ils ont dû être extrêmement modifiés par le travail de l'homme. En effet, dans cette partie de l'Amérique, comme dans beaucoup d'autres (1), les cultivateurs ont coutume de mettre chaque année le feu aux pâturages, afin de procurer aux bestiaux une herbe plus fraîche et plus tendre, et peut-être la province des Mines n'offrirait-elle pas une lieue carrée de *campo naturel* qui n'ait été plusieurs fois incendié. On sent qu'au milieu de tous ces brûlemens tant de fois répétés, il est difficile que plusieurs espèces annuelles n'aient pas entièrement disparu; peut-être aussi quelques espèces grêles et délicates qui auraient été étouffées par les tiges amoncelées des espèces vigoureuses, ont-elles été préservés de la destruction par les incendies, et par conséquent les *campos* qu'ou nomme aujourd'hui *naturels* ne sauraient être ce que furent jadis les *campos* réellement primitifs.

On ne peut sans doute s'assurer de ce fait par la

(1) L'incendie d'un pâturage dans l'Amérique du nord forme un épisode intéressant dans l'un des romans de Fenimore Cooper.

comparaison; mais il est facile de concevoir que les incendies répétés ont eu une très grande influence sur l'ensemble des espèces qui composent la végétation des *campos naturels*; car, ainsi qu'on va le voir, un incendie seul suffit pour modifier de la manière la plus étrange les individus déja existans. A peine l'herbe d'un *campo naturel* a-t-elle été brûlée, qu'au milieu des cendres noires dont la terre est couverte, il paraît çà et là des plantes naines dont les feuilles sont sessiles et mal développées et qui bientôt donnent des fleurs. Pendant long-temps, je l'avoue, j'ai cru que ces plantes étaient des espèces distinctes, particulières aux *queimadas* ou *campos* récemment incendiés, comme d'autres espèces appartiennent exclusivement aux taillis qui remplacent les forêts vierges; mais un examen attentif m'a convaincu que ces prétendues espèces n'étaient autre chose que des individus avortés d'espèces naturelment beaucoup plus grandes et destinées à fleurir à une autre époque de l'année. Pendant la saison de la sécheresse, qui est celle de l'incendie des *campos*, la végétation de la plupart des plantes qui les composent, est, en quelque sorte, suspendue, et celles-ci n'offrent que des tiges languissantes ou desséchées. Cependant il doit arriver ici la même chose que dans nos climats; pendant cet intervalle de repos, les racines doivent se fortifier et se remplir de sucs destinés à alimenter des pousses nouvelles, comme on en voit un exemple frappant chez la Colchique et chez nos Orchidées. L'incendie des tiges anciennes détermine le développement des germes cachés sous la terre; mais comme les nouvelles pousses paraissent avant le temps, et que les réservoirs de sucs destinés à les nourrir ne sont pas encore suffisamment remplis, les feuilles se développent mal; le passage de celles-ci aux verticilles floraux se fait rapidement, et ces derniers mettent bientôt un terme à l'accroissement de la tige (1).

Non-seulement nos plus faibles travaux influent sur la végétation de toutes les parties du globe; mais elle porte, pour ainsi dire, l'empreinte de nos pas, et, dans des lieux aujourd'hui inhabités, la nature a pris soin de conserver les preuves de la présence de l'homme. Des plantes s'attachent à lui; elles le suivent partout, et elles continuent à végéter quelque temps encore dans les campagnes qu'il a abandonnées. J'ai vu la halte accoutumée du voyageur indiquée dans les endroits les plus solitaires par des pieds touffus de *Capim gordura*. Lorsque je traversais les déserts qui s'étendent de Paracatú aux limites de Goyaz, j'aperçus avec étonnement, au milieu d'un pâturage uniquement parcouru par des cerfs, des chats sauvages et des seriemas, j'aperçus, dis-je, quelques-unes de ces plantes qui ne croissent ordinairement qu'autour de nos habitations; mais bientôt des débris

(1) Voyez l'introduction à mon *Histoire des Plantes les plus remarquables du Brésil et du Paraguay.*

cachés sous l'herbe épaisse m'indiquèrent assez qu'une chétive demeure s'était élevée jadis dans ce lieu solitaire. C'est ainsi qu'autrefois M. Ramond, guidé en quelque sorte par un *Chenopodium*, arriva, dans les Pyrénées, à la cabane d'un pasteur.

Après avoir fait connaître les limites de la *zone des campos* et de *celle des forêts*, il ne sera pas inutile de rechercher quelles sont les causes qui déterminent, à l'orient de la grande chaîne, la présence des bois et à l'occident celles des pâturages.

Il est incontestable que la nature de la couche superficielle du sol a de l'influence sur la végétation de la province des Mines, et qu'en certains endroits, on voit paraître successivement des bois et des pâturages, suivant que la terre est fertile, ou qu'elle devient ferrugineuse, sablonneuse, ou pierreuse. Ainsi près d'Itambé, pays fort élevé, je vis, dans un petit espace, la végétation changer brusquement quatre fois de suite avec la nature du terrain; je la vis présenter des forêts, lorsque celui-ci était argileux, rouge et compacte, et des végétaux peu serrés, rabougris, très variés, quand la couche superficielle se composait d'un mélange de sable blanc et noir. Lorsque, voyageant dans la *région des forêts*, entre Villa do Principe et Passanha, je passais sur le morne appelé Morro Pellado, tout à coup les grands bois disparurent à mes yeux, et il leur succéda de simples arbrisseaux, tels que des *Cassia* et des Mélastomées; alors le terrain était devenu fort sablon-

neux : il changea brusquement de nature, et, sans
aucune transition, les grands bois se montrèrent
avec une nouvelle pompe. Dans le pays élevé, mais
simplement inégal, qui s'étend à l'ouest de la grande
chaîne, entre Congonhas do Campo et S. João d'El
Rey, la campagne offre des *campos* naturels parsemés de bouquets de bois : ceux-ci ont pris posses-
sion des terres les meilleures, et, s'il existe quelques
intervalles sablonneux et caillouteux, c'est là que
l'on est sûr de voir des pâturages. Du côté d'Araxá,
au milieu des déserts qui conduisent à Paracatú, la
végétation devient d'autant plus vigoureuse que la
terre est plus rouge, et des pâturages parsemés
d'arbres rabougris ou simplement herbeux, coïncident avec les teintes plus ou moins foncées du
sol.

Mais il est à remarquer que tous les changemens
de végétation que je viens de signaler, et qui s'ac-
cordent si exactement avec d'autres changemens
dans la couche superficielle du sol, se manifestent
dans une même *région* et sur des surfaces d'une
étendue peu considérable. Pour que la présence des
forêts, d'un côté de la grande chaîne (Serra do
Epinhaço), et celle des *campos*, du côté opposé, fus-
sent dues à des différences dans la nature du sol,
il faudrait que la chaîne divisât la couche superficielle en deux *zones*, comme elle divise les végétaux
en deux *régions*; alors les *sous régions végétales*
seraient déterminées sans doute par des nuances de

terrain constantes dans la même *sous-région*. Mais je ne crois pas qu'il en soit ainsi. La terre qui, à Minas Novas ne produit que des *carrascos*, ressemble à celle qui, aux environs de Villa do Principe, fut autrefois couverte de bois vièrges, et j'ai retrouvé, dans les *campos* du Sertão, des terrains qui m'ont paru analogues à ceux où l'on voit naître ailleurs tantôt des *carrascos* et tantôt des forêts. Je crois donc que la nature proprement dite de la couche superficielle du sol n'a point eu d'influence sur le singulier partage de la province des Mines en deux grandes *régions*, celle des forêts et celle des *campos*. La véritable cause de l'absence des bois à l'ouest de la grande chaîne, me paraît être le défaut d'humidité et une différence dans les inégalités du sol. On a vu que, dans la *sous-région des forêts*, le pays présentait un réseau de montagnes, et que celui des *campos* était simplement ondulé. Quand les mornes sont fort hauts et terminés par des crêtes, lorsqu'ils sont séparés par des vallées étroites et profondes, ils s'abritent réciproquement, et l'effort des vents ne s'y fait point sentir ; les ruisseaux, toujours multipliés dans ces terrains montagneux, contribuent à y développer la végétation, et elle est encore favorisée par les débris des troncs et des branchages sans cesse accumulés et réduits en terreau. Au contraire, lorsque le pays est simplement ondulé, que rien n'y arrête les vents, que la terre n'y est rafraîchie par aucun ruisseau, il ne serait pas possible que la végétation y eût une grande vigueur, quelle que fût d'ailleurs la bonté naturelle du sol. Dans le pays élevé de Minas Novas, situé, comme je l'ai dit, à l'est de la grande chaîne, la surface de la terre n'offre cependant pas de hautes montagnes; elle n'est pas non plus simplement ondulée; mais elle présente des mornes peu élevés séparés par des vallons. Les inégalités de ce pays sont par conséquent intermédiaires entre celles des contrées de bois vierges proprement dites, et celles si peu sensibles de la région des *campos*. Or, des nuances analogues se manifestent dans la végétation; car elle ne présente ici ni de simples pâturages comme la *région des campos*, ni des arbres gigantesques comme la *sous-région des forêts*, mais ces bois nains qu'on nomme *carrascos*. Ce qui prouve encore la réalité des causes que j'assigne ici au partage des *campos* et des forêts, c'est que, si un morne couvert de *carrascos* ou de simples pâturages, offre sur ses pentes quelque enfoncement où l'humidité puisse se conserver et où les végétaux soient à l'abri des vents, on y trouve toujours des bois, et ceux-ci, dans la *sous-région des carrascos*, montrent d'autant plus de vigueur que les gorges sont plus profondes (1).

---

(1) On paraît avoir cru que la végétation des divers bassins devait présenter de grandes différences. Cela est incontestable, si nous nous bornons à comparer le bassin montagneux

A la vérité, M. d'Eschwege a remarqué que la végétation était plus vigoureuse dans les terrains primitifs de la province des Mines que dans ceux dont la formation est plus récente; il a observé que des bois croissaient sur les montagnes de granit, de gneis, de schiste micacé, de siénite, et que les pâturages naturels et les arbustes tortueux se rencontraient dans des terrains dont le fond se compose de schiste argileux, de grès et de fer. Mais, si les grandes différences de végétation qu'on observe dans la province des Mines coïncident avec des différences dans la constitution minéralogique du sol, il n'en est pas moins très vraisemblable que ce ne sont point celles-ci qui modifient l'ensemble des productions végétales. Déja depuis long-temps M. de Candolle a montré (1) que la nature minéralogique des divers terrains n'exerçait aucune influence sur la végétation, ou du moins quelle en exerçait peu, et les observations faites par M. d'Eschwege lui-même tendent à démontrer la vérité de cette opinion; car, dans le voisinage du Rio de S. Francisco, près Formiga et Abaeté, ce savant a vu des terrains calcaires d'ancienne formation rester découverts en certains endroits, tandis qu'ailleurs ils produisent une végé-

du Rio Doce avec le bassin seulement inégal du S. Francisco ; mais il n'y a plus de différences entre ce dernier et celui du Paranahyba, tous les deux simplement ondulés.

(1) *Dict. des sc. nat.*, vol. XVIII.

tation riche et d'épaisses forêts. Ce qui, *sous la même latitude et à des hauteurs semblables, modifie véritablement la nature des productions végétales, ce sont l'exposition du sol, le plus ou moins d'humidité qu'il renferme, la division plus ou moins sensible de ses parties, la quantité plus ou moins grande d'humus qui compose sa surface.*

On a vu qu'aux deux premières de ces quatre causes sont dues les deux grandes divisions que l'on observe dans la végétation de la province des Mines, et que les deux autres amènent principalement des différences de détail. Il est ici cependant une exception très remarquable.

Lorsqu'on se rend de la rivière du Jiquitinhonha à Villa do Fanado, on traverse d'abord des forêts vierges; mais tout à coup la végétation change, et l'on passe dans la *sous-région des catingas.* Cependant aucune chaîne de montagne ne sépare les deux *sous-régions;* aucune différence de niveau, tant soit peu sensible, ne se manifeste dans la surface de leur sol. Des *catingas* sont éparses au milieu des *campos* du Désert; là, comme les *capoës* proprement dits, elles se montrent très souvent dans les fonds et sur les pentes; mais, près le village de Formigas, et, sans doute en bien d'autres lieux, aucune inégalité de sol ne marque le passage des *campos* aux *catingas.* La présence de ces dernières n'est donc point toujours déterminée par la forme du terrain, et elle doit avoir pour cause principale la qualité même de la couche supérieure. Cela est si vrai que, lorsque j'ai passé des forêts du Jiquitinhonha dans les *catingas*, j'ai observé que la terre devenait brusquement très meuble, légère, grise et un peu sablonneuse; j'ai observé qu'une nature de terre absolument semblable coïncidait aux environs de Formigas, avec la présence des *catingas* qui d'ailleurs, ne sont, comme on l'a vu, séparées des *campos* par aucune inégalité du sol; enfin j'ai encore retrouvé un terrain léger, gris et un peu sablonneux dans les *catingas* voisins du S. Francisco.

D'autres causes sont, à ce qu'il paraît, nécessaires encore pour qu'un terrain donne naissance à des *catingas*. Il ne paraît pas que cette sorte de bois se montre à une latitude plus méridionale que le milieu environ de la province des Mines, et il n'est pas à ma connaissance que des *catingas* croissent à une grande hauteur au-dessus du niveau de l'Océan.

SECONDE PARTIE.

Description des diverses sortes de végétations.

Après avoir montré de quelle manière les diverses sortes de végétation sont distribuées dans la province des Mines, je tâcherai de donner une idée juste de chacune d'entre elles. Je n'entrerai point dans des détails de genres et d'espèces; je me contenterai de peindre à grands traits l'aspect des bois et des *campos*, et je commencerai par les forêts primitives.

Lorsqu'un Européen arrive en Amérique, et que, dans le lointain, il découvre des bois vierges pour la première fois, il s'étonne de ne plus apercevoir quelques formes singulières qu'il a admirées dans nos serres, et qui sont ici confondues dans les masses; il s'étonne de trouver, dans les contours des forêts, aussi peu de différence entre celles du Nouveau Monde et celles de son pays; et si quelque chose le frappe, c'est uniquement la grandeur des proportions et le vert foncé des feuilles, qui, sous le ciel le plus brillant, communique au paysage un aspect grave et austère.

Pour connaître toute la beauté des forêts équinoxiales, il faut s'enfoncer dans ces retraites aussi anciennes que le monde. Là rien ne rappelle la fatigante monotonie de nos bois de Chênes et de Sapins; chaque arbre a un port qui lui est propre; chacun à son feuillage et offre souvent une teinte de verdure différente de celle des arbres voisins. Des végétaux gigantesques qui appartiennent aux familles les plus éloignées entremêlent leurs branches et confondent leur feuillage. Les Bignonées à cinq feuilles croissent à côté des *Cesalpinia*, et les fleurs dorées des Casses se répandent, en tombant, sur des Fougères arborescentes. Les rameaux mille fois divisés des Myrtes et des *Eugenia* font ressortir la simplicité élégante des Palmiers, et parmi les Mimoses aux folioles légères, le *Cecropia* étale ses larges feuilles et ses branches qui ressemblent à d'immenses candélabres. Il est des arbres qui ont une écorce parfaitement lisse; quelques-uns sont défendus par des épines, et les énormes troncs d'une espèce de Figuier sauvage s'étendent en lames obliques qui semblent les soutenir comme des arcs-boutans.

Les fleurs obscures de nos Hêtres et de nos Chênes ne sont guère aperçues que par les naturalistes; mais, dans les forêts de l'Amérique méridionale, des arbres gigantesques étalent souvent les plus brillantes corolles. Les *Cassia* laissent pendre de longues grappes dorées; les Vochisiées redressent des thyrses de fleurs bizarres; des corolles tantôt jaunes et tantôt purpurines plus longues que celles de nos Digitales, couvrent avec profusion les Bignonées en arbre; et des *Chorisia* se parent de fleurs qui ressemblent à nos Lys pour la grandeur et la forme, comme elles rappellent l'*Alstroemeria* pour le mélange de leurs couleurs.

Certaines formes végétales qui ne se montrent chez nous que dans les proportions les plus humbles, là se développent, s'étendent et paraissent avec une pompe inconnue sous nos climats. Des Borraginées (1) deviennent des arbrisseaux; plusieurs

(1) On s'est amusé à diviser cette famille si naturelle;

Euphorbiacées sont des arbres majestueux, et l'on peut trouver un ombrage agréable sous leur épais feuillage.

Mais ce sont principalement les Graminées qui montrent le plus de différence entre elles et celles de l'Europe. S'il en est une foule qui n'acquièrent pas d'autres dimensions que nos Bromes et nos Fétuques, et qui, formant aussi la masse des gazons, ne se distinguent des espèces européennes que par leurs tiges plus souvent rameuses et leurs feuilles plus larges; d'autres s'élancent jusqu'à la hauteur des arbres de nos forêts, et présentent le port le plus gracieux. D'abord droites comme des lances et terminées par une pointe aiguë, elles n'offrent à leurs entre-nœuds qu'une seule feuille qui ressemble à une large écaille; celle-ci tombe; de son aisselle naît un faisceau de rameaux courts, chargés de feuilles véritables : la tige du Bambou se trouve ainsi ornée, à des intervalles réguliers, de charmantes touffes de branches; elle se courbe, et forme entre les arbres des berceaux élégans.

Ce sont principalement les lianes qui communiquent aux forêts les beautés les plus pittoresques; ce sont elles qui produisent les accidens les plus variés. Ces végétaux dont nos Chevrefeuilles et nos

mais, pour être conséquent, il faudra aussi diviser celle des Labiées. Au reste quelque botaniste se propose peut-être de rendre ce service à la science.

3

Lierres ne donnent qu'une bien faible idée, appartiennent, comme les grands végétaux, à une foule de familles différentes. Ce sont des Bignonées, des *Bauhinia*, des *Cissus*, des Hipocratées, etc.; et si toutes ont besoin d'un appui, chacune a pourtant un port qui lui est propre. A une hauteur prodigieuse, une Aroïde parasite, appelée *Cipó d'imbé*, ceint le tronc des plus grands arbres; les marques des feuilles anciennes qui se dessinent sur sa tige en forme de losange la font ressembler à la peau d'un serpent; cette tige donne naissance à des feuilles larges, d'un vert luisant, et de sa partie inférieure naissent des racines grêles qui descendent jusqu'à terre, droites comme un fil-à-plomb. L'arbre qui porte le nom de *Cipó Matador*, ou la *liane meurtrière*, a un tronc aussi droit que celui de nos Peupliers; mais, trop grêle pour se soutenir isolément, il trouve un support dans un arbre voisin plus robuste que lui; il se presse contre sa tige, à l'aide de racines aériennes qui, par intervalles, embrassent celle-ci comme des osiers flexibles; il s'assure, et peut défier les ouragans les plus terribles. Quelques liannes ressemblent à des rubans ondulés; d'autres se tordent ou décrivent de larges spirales; elles pendent en festons, serpentent entre les arbres, s'élancent de l'un à l'autre, les enlacent et forment des masses de branchages de feuilles et de fleurs, où l'observateur a souvent peine à rendre à chaque végétal ce qui lui appartient.

Mille arbrisseaux divers, des Melastomées, des Borraginées, des Poivres, des Acanthées, etc., naissent au pied des grands arbres, remplissent les intervalles que ceux-ci laissent entre eux, et offrant leurs fleurs au naturaliste, le consolent de ne pouvoir atteindre celles des arbres gigantesques qui élèvent au-dessus de sa tête leur cime impénétrable aux rayons du soleil. Les troncs renversés ne sont point couverts seulement d'obscures Cryptogames, les *Tillandsia*, les Orchidées aux fleurs bizarres leur prêtent une parure étrangère, et souvent ces plantes elles-mêmes servent d'appui à d'autres parasites.

De nombreux ruisseaux coulent ordinairement dans les bois vierges ; ils y entretiennent la fraîcheur ; ils offrent au voyageur altéré une eau délicieuse et limpide, et sont bordés de tapis de mousses, de Lycopodes et de Fougères du milieu desquelles naissent des Bégonies aux tiges délicates et succulentes, aux feuilles inégales, aux fleurs couleur de chair.

Excitée sans cesse par ses deux agens principaux, l'humidité et la chaleur, la végétation des bois vierges est dans une activité continuelle ; l'hiver ne s'y distingue de l'été que par une nuance de teinte dans la verdure du feuillage, et, si quelques arbres y perdent leurs feuilles, c'est pour reprendre aussitôt une parure nouvelle. Mais, il faut en convenir, cette végétation qui ne se repose jamais ne permet pas qu'on trouve dans les bois vierges autant de fleurs que dans les pays découverts. La floraison met, comme l'on sait', un terme à la végétation; des arbres qui, produisent sans cesse des branches et des feuilles, ne donnent des fleurs que fort rarement; et, par exemple, un *Noblevillea Gestasiana*, Aug. St.-Hil. (1), qui s'était chargé de fleurs élégantes, est ensuite resté, pendant cinq ans, sans en rapporter de nouvelles.

Il ne faut pas croire que les forêts vierges soient partout absolument les mêmes; elles offrent des variations, suivant la nature du terrain, l'élévation du sol et la distance de l'équateur. Les bois du Jiquitinhonha, au—delà de la Vigie, par exemple, ont plus de majesté peut-être que tous ceux des autres parties de la province, les arbres y montrent une vigueur surprenante, mais les lianes n'y sont pas très nombreuses; ailleurs les plantes grimpantes étalent toute la bizarrerie de leurs formes; en quelques endroits, ce sont les Bambous qui, à eux seuls, forment presque toute la masse de la végétation, et,

(1) C'est l'arbre élevé que j'ai décrit sous le nom de *Qualea Gestasiana* dans mon *Mémoire sur les Vochysiées* (*Mémoires du Muséum d'hist. nat.*, vol. V). Cette plante doit être séparée du *Qualea* dont elle diffère singulièrement par la position de ses organes; ainsi que je le démontrerai dans mon *Second Mémoire sur les Vochysies*. Aucun des deux genres n'a à l'androcée de verticille complet; mais le *Qualea* ne présente réellement que l'indication d'un verticille unique, celui ordinairement staminal, tandis que le *Noblevillea*, bien plus normal, offre des parties appartenant à deux verticilles.

dans d'autres, l'on voit dominer les *Palmitos* (*Euterpe oleracea*, Mart.) et les Fougères en arbre.

Si les forêts vierges servent de retraite à quelques animaux dangereux, tels que les jaguars et les serpens, elles sont l'asile d'un nombre bien plus considérable d'espèces entièrement innocentes, telles que des cerfs, des tapirs, des agoutys, plusieurs espèces de singes, etc., etc. Les hurlemens des *macacos bardados* répétés par les échos, ressemblent, dans les grands bois, au bruit d'un vent impétueux qui s'interromperait par intervalle, en se ralentissant peu à peu. Des milliers d'oiseaux, dont le plumage diffère autant que les mœurs, font entendre un ramage confus; les batraciens y mêlent leur coassement aussi varié que bizarre, et les cigales leurs cris aigus et monotones. C'est ainsi que se forme cette voix du désert qui n'est autre chose que l'accent de la crainte, de la douleur et du plaisir exprimé de différentes manières par tant d'êtres divers. Au milieu de tous ces sons, un bruit plus éclatant frappe les airs, fait retentir la forêt et étonne le voyageur. Il croit entendre les coups d'un marteau sonore qui tombe sur l'enclume, et auquel succéderait le travail étourdissant de la lime s'exerçant sur le fer. Le voyageur regarde de tous côtés; et il s'étonne, lorsqu'il découvre que des sons qui ont autant de force, sont produits par un oiseau gros comme un merle, qui, presque immobile au sommet d'un arbre desséché, chante, s'interrompt, et attend pour recommencer qu'un autre individu de son espèce ait répondu à ses accens. C'est le *Casmarynchos nudicollis*, Tem. (le *ferrador* des *Mineiros*, l'*araponga* de la province de Rio de Janeiro), qui change de plumage à ses différens âges, et qui, après avoir été d'un vert cendré, finit par devenir aussi blanc que nos cygnes.

Des myriades d'insectes habitent les forêts primitives, et excitent l'admiration du naturaliste, tantôt par la singularité de leurs formes, tantôt par la vivacité de leurs couleurs. Des nuées de papillons se reposent sur le bord des ruisseaux; ils se pressent les uns contre les autres, et de loin, on les prendrait pour des fleurs dont la terre aurait été jonchée.

Entre les bois vierges que je viens de décrire et les plus grands *carrascos*, viennent se placer comme intermédiaire, les *catingas* qui se distinguent surtout des premiers parce qu'elles perdent leurs feuilles tous les ans.

Dans le pays des Mines-Nouvelles où, comme je l'ai dit, croissent des *catingas*, les pluies qui ont duré six mois, cessent en février, et la chaleur diminue peu à peu. Alors les feuilles des *catingas* commencent à tomber, et, en juin, les arbres en sont presque entièrement dépouillés. Cependant, au mois d'août, les boutons des arbres commencent à se développer, et, ce qui est fort remarquable, ils précèdent ordinairement les pluies. Celles-ci arrivent bientôt, les chaleurs deviennent chaque jour plus fortes, et les végétaux reprennent leur parure.

Presque depuis Sucuriú, dans les Minas Novas, jusqu'à la *fazènda* de Bon Jardim, dans un espace d'environ 33 lieues portugaises, j'ai toujours traversé des *catingas*. Lors de mon voyage, elles étaient presque entièrement dépourvues de feuilles. Ces bois présentent des modifications diverses; mais c'est, à ce qu'il paraît, sur la limite du territoire des *carrascos* que les nuances sont le plus multipliées. Sur cette limite, entre Sucuriú et Setúba, les *catingas* ressemblent singulièrement aux bois d'Europe, et m'offrirent un épais fourré de broussailles, de plantes grimpantes et d'arbrisseaux de dix à vingt pieds, au milieu duquel se montraient çà et là des arbres de hauteur à peu près moyenne (1). Tantôt les arbrisseaux qui faisaient partie de ces bois étaient peu élevés et rappelaient nos taillis de trois ou quatre ans, et tantôt on les eût pris pour des taillis de 18 années; le plus souvent les grands arbres laissaient entre eux beaucoup de distance, et quelquefois ils étaient assez rapprochés; tantôt ils n'atteignaient pas même la grandeur moyenne, tantôt ils la surpassaient, mais nulle part ils n'étaient aussi élevés que ceux des forêts primitives.

Entre Setúba et Boa Vista, plus loin de la limite des *carrascos* dont je parlerai bientôt, j'observai de

---

(1) On verra plus bas que ce n'est pas toujours la grandeur qu'ils atteignent.

nouvelles différences. Les arbres qui s'élevaient au milieu des arbrisseaux, étaient plus grands, moins éloignés les uns des autres, et, surtout dans les environs de Bon Vista, la végétation était plus vigoureuse. De grandes lianes environnaient les arbres, comme dans les forêts vierges ; elles pendaient du haut de leurs branchages, et formaient d'immenses lacis qui se croisaient en tous sens. La plupart des grands végétaux ne différaient point de ceux de l'Europe par la disposition de leur branches ; cependant il en était qui indiquaient assez d'autres climats. Ainsi, un *Cactus* que j'avais vu près de Rio de Janeiro, élevait ses troncs coniques et ses rameaux verticillés, au milieu des lianes tortueuses. Un autre *Cactus* très rameux, dont la tige et les branches épineuses et profondément cannelées n'ont guère que l'épaisseur de deux doigts, semblait serpenter entre les rameaux dépouillés des arbres voisins ; et, par sa couleur verte, il contrastait avec l'écorce grise dont il était revêtu.

Parmi les arbres des *catingas*, il en est trois qui attirèrent mon attention par la singularité de leurs caractères. L'un d'eux, qui a beaucoup plus de deux brasses de circonférence, frappe d'autant plus que le diamètre de ceux qui l'entourent ne va guère au-delà d'un pied. Comme certaines colonnes, il est plus renflé au milieu qu'à la base ; le plus souvent il grossit déja à peu de distance de la terre, et, à sa partie supérieure, il va en diminuant à la manière d'un fu-

seau. Son écorce roussâtre et luisante n'est point
fendue; mais elle porte des tubercules gris qui sont
les restes des épines dont l'arbre était chargé pendant sa jeunesse. Dans toute sa longueur, le tronc
qui atteint une grande élévation, ne présente pas un
seul rameau, et son extrémité seule se termine par
un petit nombre de branches presque horizontales.
Le *Barrigudo* ou *Ventru (Chorisia ventricosa* Nees
et Mart.), c'est ainsi qu'on appelle l'arbre dont il est
question, a un bois très tendre, et c'est ce bois qui,
jeune encore, est employé par les Botocudos pour
faire les singuliers disques qu'ils placent dans leurs
oreilles et leur lèvre inférieure.

Le second arbre que je remarquai encore s'élève
beaucoup moins que le *Barrigudo*; mais il présente,
à quelques pieds du sol, des renflemens ovoïdes.

Le troisième enfin, appelé *Emburana (Bursera
lephtophloeos,* Mart.), a un tronc généralement in-
cliné, et il est couvert d'une écorce rousse qui se
lève en lambeaux, et laisse voir, par intervalle, la
nouvelle écorce dont la couleur est d'un beau vert.

Ce fut entre les villages de Chapada et Sucurú,
environ par le 16° 48', que, pour la première fois, je
vis des *catingas*. On était au mois de mai. En des-
cendant une côte, j'entrai dans un bois composé d'arbrisseaux serrés les uns contre les autres, et au milieu desquels s'élevaient, de distance en distance, des
arbres d'une grandeur moyenne. Ce bois, qui était une
catinga peu vigoureuse, avait une ressemblance par-

faite avec ceux de nos taillis, où on laisse çà et là croître des baliveaux.|Les arbres conservaient à peine quelques feuilles jaunâtres ou d'un pourpre foncé ; la terre était jonchée de celles qu'ils avaient perdues, et de temps en temps il en tombait encore quelques-unes à mes pieds. Les gazons qui bordaient le chemin avaient été brûlés par l'ardeur du soleil; une seule Acanthée laissait apercevoir de petites fleurs à deux lèvres et à tube alongé , mais ses feuilles presque flétries retombaient sur la tige, et l'on aurait pu prendre cette plante pour notre *Galeopsis ladanum*, tel qu'il se montre dans les plaines de la Beauce après la canicule. Le soleil était sur son déclin ; la chaleur avait diminué; aucun vent ne se faisait sentir, et le ciel n'offrait plus que des teintes affaiblies. Je me serais cru en France par une belle soirée d'automne, si quelques Palmiers que j'apercevais çà et là avaient pu me permettre de m'abandonner à une erreur si douce (le *Guariroba* des Brésiliens, *Cocos oleracea*, Mart.).

Si l'on demandait pourquoi les *catingas* perdent leurs feuilles, tandis que les véritables forêts gardent toujours les leurs, il ne serait pas, je crois, bien difficile de répondre à cette question. La terre où s'élèvent les bois vierges, m'a paru moins susceptible de se dessécher que le sol un peu sablonneux, meuble et fort léger qui donne naissance aux *catingas*, et celles-ci ne se voient point, comme les forêts proprement dites, dans des pays où de hautes montagnes s'abritent

réciproquement, et où de nombreux ruisseaux entretiennent une continuelle fraîcheur. Ce qui prouve
d'une manière incontestable que les *catingas* doivent
à la sécheresse la chute de leurs feuilles, c'est qu'elles
les conservent sur le bord des rivières et des lieux
mouillés. Lorsque je traversais les *catingas* du Ji-
quitinhonda, un peu au-dessous du confluent de *l'A-
rassuahy*, les rives du fleuve, ornées d'une lisière de
la plus fraîche verdure, contrastaient avec les bois
voisins dépouillés de leurs feuilles, et, ce qui peut-
être n'a jamais eu lieu dans aucun pays du monde,
j'avais tout à la fois sous les yeux l'image de l'hiver
et celle des jours les plus délicieux du printemps.

Le savant Martius, qui a vu les *catingas* dans un
pays où, dépouillées de verdure, elles sont, à ce qu'il
paraît, plus tristes encore que celles de Minas; Martius, dis-je, partage entièrement mon opinion sur la
chute de leurs feuilles.

Voici en effet comment il s'exprime dans un élo-
quent discours où, d'un coup d'œil rapide, il embrasse cette immense portion de l'Amérique qui s'é-
tend du Rio de la Plata à la rivière des Amazones :
« On nous a assuré que les *catingas* restaient quel-
« quefois plusieurs années de suite sans se couvrir
« de feuilles, lorsque les pluies manquaient pendant
« le même espace de temps, comme cela arrive à Fer-
« nambouc; et, au contraire, des arbres qui appar-
« tiennent à la végétation des *catingas* conservent
« leur parure, lorsqu'ils croissent sur le bord des

« rivières. Cela prouve que le manque d'eau est ici
« la seule cause de la chute des feuilles........Une
« pluie soudaine vient-elle humecter la terre..., un
« monde nouveau paraît comme par enchantement.
« Des feuilles d'un vert tendre ont couvert tout à
« coup les branches dépouillées; des fleurs nombreu-
« ses ont étalé leurs brillantes corolles, les buissons
« hérissés d'épines et les lianes grimpantes qui n'of-
« fraient plus que des tiges arides se sont revêtues
« d'une parure nouvelle............. Partout l'air est
« embaumé des plus doux parfums, et les animaux
« qui avaient fui la forêt désséchée, y accourent de
« nouveau, ranimés par les sensations délicieuses
« que fait naître un printemps enchanteur (1). »
C'est ainsi que des phénomènes, occasionés sous la
zone tempérée par l'absence et le retour de la chaleur, sont produits, dans les contrées équinoxiales,
par l'alternative de la sécheresse et de l'humidité.

Les *carrascos* proprement dits se distinguent encore plus des véritables *catingas* pour la vigueur et l'é-
lévation, que celles-ci ne diffèrent des bois vierges.
Dans les parties des Minas Novas où s'observe ce genre
de végétation, on ne voit point, comme je l'ai dit, de
hautes montagnes terminées par des crêtes ou des
pics aigus, et séparées par des vallées étroites et profondes. Là sont des mornes peu élevés, bordés par
des vallons, et dont le sommet présente une espèce

(1) *Phys. Pflanz. Braz.*, 17.

de petite plaine. Dans le pays, on donne à ces sommets singuliers le nom de *taboleiros*, qui signifie pla-
teau, et on les appelle *chapadas*, quand ils ont une
plus grande étendue. Des espèces de forêts naines
couronnent ces plateaux, et sont composées d'arbrisseaux à tiges et à rameaux grêles, hauts de 3 à 5
pieds, en général rapprochés les uns des autres. Tels
sont les *carrascos*. Certaines plantes les caractéri-
sent d'une manière spéciale; telles sont la Composée
à feuilles de bruyère qu'on appele *Alecrim do campo*,
le *Pavonia* que ses fleurs charmantes ont fait surnom-
mer la *Rose des champs* (*Pavonia Rosa campestris*,
A S. AJ. C.); deux *Hyptis*, le petit Palmier à feuilles
sessiles appelé vulgairement *Sandaia* ou *Sandaïba*; enfin surtout une Mimose dont les tiges sont légèrement
épineuses, les feuilles d'une délicatesse extrême et les
fleurs disposées en épis (*Mimosa dumetorum*, Aug.
S. Hil.)

La nature ne met point ordinairement entre ses
diverses productions, une distance aussi considérable que celle que j'ai signalée entre les véritables *carrascos* et les *catingas*; aussi existe-t-il une sorte de
végétation , qui forme le passage des *carrascos*
proprement dits aux *catingas* ; ce sont les *carrasquenos*. Ceux-ci présentent des arbrisseaux d'environ
6 à 15 pieds, dont les tiges droites et menues sont
fort rapprochées les unes des autres, et qui, par leur
ensemble, donnent l'idée de nos taillis. C'est encore
dans les Minas Novas que se trouvent les *carrasque-*

nos ; et tandis que les *carrascos* croissent sur les plateaux, les *carrasquenos* se montrent sur leur pente ; ce qui achève de prouver que la végétation s'élève à mesure que le terrain devient plus abrité.

En ne consultant que la hauteur, on peut, je crois, rapprocher des *carrasquenos* une végétation qui, du moins dans la province des Mines, ne s'observe que sur les bords du Rio de S. Francisco. Chaque année ce beau fleuve sort de son lit, et, sur les terrains qu'il inonde (*alagadiços*), s'élèvent des buissons impénétrables, formés principalement par deux plantes épineuses, l'*Acacia Farnesiana* et le *Bauhinia mundata*, Aug. S. Hil. (*Perlebia Bauhinioïdes*, Mart.)

J'ai tâché jusqu'ici de donner une idée de la physionomie des diverses sortes de forêts naines ou gigantesques qu'on observe dans la province de Minas Geraes. A présent je dirai quelques mots de ses *campos*.

Ceux qui sont simplement herbeux ont assez l'aspect de nos prairies; mais les plantes ne s'y pressent pas autant, et, dans aucune saison, ils ne sont émaillés d'un aussi grand nombre de fleurs. Des Graminées entremêlées d'autres herbes, de sous-arbrisseaux et quelquefois d'arbrisseaux peu élevés forment ces pâturages ; on y trouve en abondance des Composées et surtout des Vernonies ; les Myrtées, les Mélastomées à fruits capsulaires y sont fort communes ; mais on n'y revoit plus d'Acanthées, famille si nombreuse dans les bois vierges (1).

Dans le Sertão ou Désert, des arbres sont épars, comme je l'ai dit, au milieu des pâturages; mais loin de s'élever avec cette majesté qui caractérise ceux des forêts primitives, il n'approchent pas même, à beaucoup près, de la hauteur ordinaire de nos Chênes, de nos Bouleaux ou de nos Hêtres. Ils sont tortueux et rabougris; une écorce fendillée et souvent subéreuse revêt leur tronc, et leurs feuilles, assez ordinairement dures et cassantes, ont pour la plupart la forme de celles de nos Poiriers. Ces arbres ont généralement le même aspect que les Pommiers d'Europe, et lorsque l'on parcourt les *campos* du Désert, on se croirait transporté au milieu de ces vergers que les habitans de certaines provinces de France plantent dans leurs prairies. Mais, si les arbres du Sertão n'ont rien dans leur port qui excite l'admiration, ils charment le voyageur par la beauté et l'étonnante variété de leurs fleurs. Tantôt ce sont des Légumineuses aux grappes pendantes et une Bignonée à cinq feuilles, qui étale des fleurs d'un jaune doré; tantôt des *Ochna*, des Ternstromiacées, des Malpighiées à longs épis, de nombreux *Qualea*, des *Vochisia*, enfin le *Salvertia* à odeur de muguet qui redresse ses thyrses plus beaux peut-être que ceux de l'*Hippocastanum*.

(1) Voyez mon *Introduction* à l'*Histoire des Plantes remarquables du Brésil et du Paraguay*.

Le passage des *campos* aux forêts ne se fait pas toujours d'une manière brusque, comme il ne s'opère pas toujours non plus par des transitions plus ou moins insensibles. Lorsque je me rendais de Rio de Janeiro à Barbacena, ville de la province des Mines située par le 21° 21′ latitude sud (1), un Millepertuis, que je n'avais pas coutume de voir dans les bois, se montra, vers Mantiqueira, comme l'avant-coureur d'une végétation nouvelle; sur l'un des côtés du chemin, les arbres commencèrent à ne plus étaler la même vigueur, et me semblèrent moins rapprochés les uns des autres ; bientôt j'aperçus des pâturages, mais ils étaient encore parsemés de bouquets de bois; peu à peu ceux-ci devinrent plus rares, et ils finirent par disparaître. Il n'en fut pas ainsi, lorsque, deux années plus tard, je me dirigeai, par une route différente, de la capitale du Brésil à S. Joào d'El Rey, autre ville de Minas Geraes située par le 21° 10′ 23″. Je venais de traverser des forêts épaisses où souvent j'aurais pu toucher avec la main les arbres majestueux dont j'étais entouré ; tout à coup l'aspect du pays changea avec la même rapidité qu'une décoration de théâtre ; une étendue presque incommensurable de mornes arrondis, couverts seulement d'une herbe rare et grisâtre se déroula sous mes yeux, et je pus contempler une image de l'immensité,

(1) J'ai fait connaître cette ville dans mon *Voyage dans les Provinces de Rio de Janeiro*, etc., vol. I, p. 17.

moins imparfaite peut-être que celle qui est offerte par la mer, lorsqu'on y jette les regards sur un rivage peu élevé.

Je n'étendrai pas ce tableau davantage. De plus longs détails rentreraient dans le domaine des Flores et des ouvrages de botanique spéciale; et je n'ai pas eu d'autre but que de faire connaître dans son ensemble la végétation de Minas Geraes, telle qu'elle est aujourd'hui.

Mais, si l'intelligence et la sagesse des habitans de cette province peuvent la préserver des dangers qui la menacent, comme tout le reste du Brésil, sa population augmentera avec rapidité ; où l'on voit d'humbles hameaux, s'élèveront des cités florissantes ; de nouveaux défrichemens diminueront encore l'étendue des forêts ; enfin les *campos* eux-mêmes seront creusés par la bêche et sillonnés par la charrue. Alors il ne restera plus rien de la végétation primitive ; une foule d'espèces auront disparu pour jamais, et les travaux sur lesquels le savant Martius, mon ami feu le docteur Pohl et moi, nous avons consacé notre existence, ne seront plus en grande partie que des monumens historiques.